总体国家安全观普及丛书

GUOJIA JIDI ANQUAN ZHISHI BAIWEN

国家极地安全知识

百问

本书编写组

全民国家安全教育

人民出版社

前　言

　　习近平总书记提出的总体国家安全观立意高远、思想深刻、内涵丰富，既见之于习近平总书记关于国家安全的一系列重要论述，也体现在党的十八大以来国家安全领域的具体实践。总体国家安全观的关键是"总体"，强调大安全理念，涵盖政治、军事、国土、经济、金融、深海、极地等诸多领域，而且将随着社会发展不断动态调整。党的二十大报告指出，必须坚定不移贯彻总体国家安全观，把维护国家安全贯穿党和国家工作各方面全过程；提高各级领导干部统筹发展和安全能力，增强全民国家安全意识和素养。二十届中央国家安全委员会第一次会议，审议通过了《关于全面加强国家安全教育的意见》。为推动学习贯彻总体国家安全观走深走实，在第九个全民国家安全教育日到来之际，中央有关部门在组织编写科技、文化、金融、生物、生态、核、数据、海外利益、人工智能等重点领域国家安全普及读本基础上，又组织编写了第四批国家安全普及读本，涵盖经济安全、深海安全、极地安全 3 个领域。

读本采取知识普及与重点讲解相结合的形式，内容准确权威、简明扼要、务实管用。读本始终聚焦总体国家安全观，准确把握党中央最新精神，全面反映国家安全形势新变化，紧贴重点领域国家安全工作实际，并兼顾实用性与可读性，插配了图片、图示和视频二维码，对于普及总体国家安全观教育和提高公民"大安全"意识，很有帮助。

总体国家安全观普及读本编委会

2024 年 4 月

C目录
ONTENTS

篇　三

★　**提升极地考察能力**　★

篇　四

★　增强极地科学认知　★

篇 五

★ 规范极地活动管理 ★

目　录
CONTENTS

篇 六

★ 提高极地治理能力 ★

目 录

CONTENTS

篇一

理解极地安全内涵

国家安全法关于极地安全的规定是什么？

《中华人民共和国国家安全法》第三十二条规定，国家坚持和平探索和利用外层空间、国际海底区域和极地，增强安全进出、科学考察、开发利用的能力，加强国际合作，维护我国在外层空间、国际海底区域和极地的活动、资产和其他利益的安全。

> **❯ 延伸阅读**　**维护我国极地安全的重点任务有哪些？**
>
> 　　维护我国极地安全的重点任务包括：一是极地进出安全，即通过船舶或航空器安全进出极地。二是极地活动安全，即国家、公民可以安全地在极地开展各类活动。这类活动既包括国家组织开展的极地考察活动，也包括自然人或法人开展的极地活动。三是极地资产安全，即保障我国用于执行极地任务、放置于极地的资产及其他相关资产安全，主要包括

考察站、船、飞机、车辆等装备设备。

 极地安全为什么重要?

　　极地在人类居住和生存的蓝色星球上具有十分特殊的地位,是探求地球演变和宇宙奥秘的天然实验室。极地的自然环境变化对人类发展具有重大影响,是全球气候变化的敏感地区。在经济全球化、区域一体化不断深入发展的背景下,极地在战略、经济、科研、环保、航道、资源等方面的价值不断提升,受到国际社会的广泛关注。与极地安全相关的多是全球性问题,如应对气候变化、生态环境保护、科学研究、应急救援、国际治理等,这些问题关系着全人类的生存与发展,与全人类的利益密不可分,需要各国在坚持共同、综合、合作、可持续的安全观基础上,共同维护极地安全。

如何理解极地安全与国家安全的关系?

　　极地对全球气候变化和人类生存发展具有重要影响。探索极地未知，增加科学知识，保护极地环境，加强极地与气候变化关系的科学研究，促进人类社会可持续发展，是世界各国的共同使命。对我国而言，极地的冷空气活动和高纬度地区的大气环流变化对我国的天气和气候产生显著影响，对我国的国民经济和生产活动产生重大影响。极地安全与我国经济、能源资源、生态、生物、科技等领域的安全密不可分，是我国国家安全的重要组成部分。因此，维护极地安全，既是建设海洋强国、推进中国式现代化建设的重要组成部分，也是我国参与全球治理、维护全人类共同安全的重要内容。

新形势下如何更好地维护国家极地安全?

极地安全是国家安全的重要组成部分,对于维护我国发展安全具有重要意义。新时代新征程更好地维护国家极地安全,一是要围绕党中央关于极地工作的决策部署,系统研究、深刻把握国际极地发展形势和未来趋势。二是要健全完善极地法律法规,进一步完善南北极考察活动行政许可、活动管理等制度。三是要开展极地气候变化、冰盖稳定性、生物生态和日地系统等科学研究,积极参与"海洋科学十年""国际极地年"等极地国际研究项目和活动,形成具有国际影响力的科研成果,更加积极主动地向国际社会提供极地公共产品和服务,不断增进人类对极地气候和环境的科学认知。四是要持续推动"雪龙探极"等有关项目和任务落实落地,加快提升国家极地安全保障能力。五是要有效利用双多边平台,深度参与国际极地治理,拓展与有关国家在极地事务领域的务实合作。

我国在南极主要有什么权利和义务？

　　我国是南极条约协商国，在南极主要享有自由开展科学调查和国际合作、开展南极视察等权利。同时，也负有将南极用于和平目的的义务。在《南极海洋生物资源养护公约》框架下，既承担养护南极海洋生物资源义务，也享有合理利用南极海洋生物资源和参与有关南极海洋生物资源养护观察和检查的权利。

 我国在北极主要有什么权利和义务？

　　我国在北冰洋公海、国际海底区域享有《联合国海洋法公约》规定的科研、航行、飞越、捕鱼、铺设海底电缆和管道、资源勘探与开发等权利。根据《联合国海洋法公约》规定，在获北冰洋沿岸国同意后，我国可在其专属经济区和大陆架开展科研调查，并享有相关的无害通过、过境通行等权利，同时也负有尊重沿海国主权、主权权利和管辖权等义务。在《预防中北冰洋不管制公海渔业协定》框架下，我国享有参与中北冰洋公海生物资源调查与国际合作、协商一致参与规则制定等权利，同时也负有暂停商业捕捞等义务。作为《斯匹次卑尔根群岛条约》缔约国，我国国民有权在遵守挪威法律的前提下，自由进出斯匹次卑尔根群岛区域，并平等享有生产和商业活动等权利，同时也负有尊重挪威主权和管辖权等义务。

我国对国际南极治理作出了哪些贡献？

党的十八大以来，我国积极参与制定南极治理相关制度规则，向南极条约协商会议提交约 50 个提案文件，如《南极特别保护区和南极特别管理区设立预评估程序指南》《设立南极特别管理区潜在区域评估指南》《南极条约区域旅游船舶自愿观察员制度实施框架》《撤销南极特别保护区指南》等。2021 年，我国与意大利、韩国联合提议设立的恩克斯堡岛南极特别保护区获得通过。在南极海洋生物资源养护委员会框架下，我国提交提案文件约 30 个，涉及《南极海洋生物资源养护公约》目标实施、磷虾资源评估和管理、海洋保护区制度建设、重要物种种群变化等各个方面。此外，我国还牵头多国提出"绿色考察"倡议并获南极条约协商会议通过，有效参与《南极条约协商会议关于气候变化与南极的赫尔辛基宣言》《南极海洋生物资源养护委员会 40 周年宣言》《南极海洋生物资源养护委员会气候变化决议》等系列重要宣言和决议的起草，为国际极地治理积极提供中国方案，作出中国贡献。

我国对国际北极治理作出了哪些贡献?

在北极考察和研究方面,自 1999 年组织开展首次北极考察以来,我国已组织开展 13 次北冰洋考察、19 个年度的北极黄河站考察和 4 个年度的中冰北极科学考察站考察,在北极地区建立起包括海洋、冰雪、大气、生物、地质等在内的多学科观测体系,充分彰显了作为负责任大国对北极认识、保护的贡献。

作为北极理事会观察员,我国积极参与了海洋环境保护、监测与评估、污染物防治、可持续发展、动植物保护等工作组工作,在北极低硫油环境风险、微塑料和污染物监测、候鸟保护等方面持续作出了重要贡献。我国深入参与了《预防中北冰洋不管制公海渔业协定》谈判并为协定的最终达成作出重要贡献。2021 年,我国批准该协定,此后积极参与了联合科研监测计划和数据共享协议制定等工作。我国还参加了国际北极科学委员会、国际海洋探索理事会、北太平洋海洋科学组织等国际科学组织，冰岛主办的北极圈论坛、挪威主办的"北极前沿"论坛和俄罗斯主办的"北极—对话区域"国际北极论坛等交流合作机制，积极宣传我国北极考察和研究活动对国际北极治理的贡献。此外，我国关注北极航道安全，并积极为北极航道的可持续利用提供气象预报、海冰观测等公共产品和服务。

> ❯ **延伸阅读**　**北极理事会的功能和作用**

　　1996 年 9 月，美国、俄罗斯、加拿大、挪威、丹麦、瑞典、芬兰、冰岛 8 国合作成立北极理事会，作为政府间论坛，以推动北极国家、北极原住民和其他北极居民就共同关心的问题开展合作、协调与互动，促进可持续发展、保护北极环境。北极理事会的决策机构是部长级会议，由上述 8 个国家协商一致做出决策。此外，北极理事会还有 6 个北极土著居民组织作为永久参与方，以及 38 个国家和组织作为观察员。我国于 2013 年 5 月 15 日被接纳为北极理事会观察员。

《中国的南极事业》主要包括哪些内容?

2017 年 5 月 22 日，在第 40 届南极条约协商会议举行前夕，国家海洋局发布《中国的南极事业》，这是我国政府首次发布白皮书性质的南极事业报告。报告全面回顾了我国南极事业 30 多年来的发展成就，提出了我国政府在国际南极事务中的基本立场、我国南极事业的未来发展愿景和行动纲领。

《中国的南极事业》提出，南极关乎人类生存和可持续发展的未来，建设一个和平稳定、环境友好、治理公正的南极，符合中国和国际社会的共同利益。中国将坚决维护南极条约体系稳定，加大南极事业投入，提升参与南极全球治理的能力。未来，中国愿与国际社会一道，共同推动建立更加公正合理的国际南

《中国的南极事业》

极秩序，携手迈进，打造南极"人类命运共同体"，为南极乃至世界和平稳定与可持续发展作出新的更大的贡献。

 《中国的北极政策》主要包括哪些内容？

2018年1月26日，国务院新闻办公室发布《中国的北极政策》白皮书，明确阐释了中国在北极事务中的身份定位、利益诉求、主要目标和基本原则，首次向国际社会表明了中国积极参与北极治理、共同应对全球性挑战的立场、政策和责任，也为中国参与北极事务提供了重要的政策指导。

白皮书提出了中国北极政策的目标，即认识北极、保护北极、利用北极和参与治理北极。白皮书确立了我国北极政策的原则，即中国坚持本着"尊重、合作、共赢、可持续"的基本原则参与北极事务。尊重就是要相互尊重，既尊重北极国家在北极享有的主权、主权权利和管辖权，尊重北极土著人的传统和文化，也尊重北极域外国家依法在北极开展活动的权利和自由，尊重国际社会在北极的整体利益。合作就是要在北极建立多层次、全方位、宽领域的合作关系。共赢就是要在北极事务各利益攸关方之间追求互利互惠，在各活动领域之间追求和谐共进。可持续就是要在北极推动环境保护、资源开发利用和人类活动的可持续性，致力于北极的永续发展。

《中国的北极政策》白皮书（申宏／摄）

《中国的北极政策》白皮书

国新办发表《中国的北极政策》白皮书　愿为北极发展贡献中国智慧和力量

11　我国极地考察管理体制发展历程是怎样的?

1981 年，国务院批准成立国家南极考察委员会，是中国南极考察的组织领导机构。国家南极考察委员会同时设立办公室作为日常办事机构，设在国家海洋局。自 20 世纪 80 年代以来，国家南极考察委员会组织开展了包括中国首次南极考察、首次东南极考察在内的多次南极考察活动，为中国南极考察事业的开创、发展作出了重大贡献。1994 年 1 月，国家南极考察委员会因机构改革撤销，其下设办公室更名为国家海洋局南极考察办公室，承担组织开展南极考察的具体工作。随着北极考察逐步开展，极地工作不断拓展和深化，1996 年 8 月，国家海洋局南极考察办公室更名为国家海洋局极地考察办公室，并于 2018 年划入自然资源部。此外，1984 年，经原国家科委批准同意，中国极地研究所启动组建，并于 1989 年 10 月正式成立，是中国唯一专门从事极地考察的科学研究和业务保障平台。2003 年，中国极地研究所更名为中国极地研究中心（中国极地研究所），也于 2018 年划入自然资源部。

"雪龙探极"微信公众号

 我国开展了哪些极地知识科普宣传教育工作？

1997 年至 2013 年，我国在北京、大连、青岛、南京、哈尔滨、合肥、成都、天津等地，与当地海洋博物馆等合作，先后建立了 10 个极地科普教育基地，开展了多种形式的极地考察宣传普及工作，大大提升了全社会对极地的认识与了解。中国极地研究中心（中国极地研究所）也建有极地科普馆，是"全国科普教育基地"，主要为大中小学生和社会公众提供免费、安全的海洋和极地意识宣传教育资源，每年科普活动接待参观人数约 20 万人次。

通过制作极地考察纪念邮票、画册，创作极地考

中小学生参观极地科普馆（中国极地研究中心供图）

察歌曲，编制年度极地国家考察报告等形式，向社会公众介绍极地考察进展，宣扬南极精神，振奋民心，取得了良好社会效果。

在国务院领导春节慰问考察队员、政府代表团视察南北极考察站、极地考察队出发或回国等有关重大纪念活动中，自然资源部通过新华社、《人民日报》、中央广播电视总台等主流媒体，及时宣传报道我国极地考察工作取得的成果以及参与国际极地治理的贡献和成就，对于普及社会公众的极地认知、展示我国良好国际形象起到了促进作用。

13 什么是南极精神？

1985年，在我国首次南极考察队建成首个南极考察站——长城站以后，《红旗》杂志发表社论《南极精神颂》，将南极精神概括为：不畏艰险、不怕牺牲、忘我献身的革命英雄主义精神；遵守纪律、团结一致、齐心协力的集体主义精神；脚踏实地、一丝不苟、严肃认真的科学求实精神；发愤图强、立志振兴中华的爱国主义精神。之后凝练形成了"爱国、求实、创新、拼搏"的南极精神。南极精神是极地工作者对爱国主义精神的传承和弘扬，也是极地工作者对拼搏奉献精神的写照和诠释。

篇二

认识极地自然属性

14　南极的区域范围是什么？

南极地区包括南极洲及其周围的海洋，在地理意义上，南极是指南极圈（约 66.5°S）以南的区域。南极洲位于地球最南端，由南极大陆、冰架和周围岛屿组成，其总面积约 1400 万平方千米，占地球陆地总面积的 9.4%。南极洲四周被海洋包围，其海洋边界最北到达南极辐合带。南极辐合带位于 48°S—62°S，

日落下的冰山（郑宏元 / 摄）

呈不规则的环形，是向北流动的南大洋表层水与向南流动的温暖海水相遇之处，也是海水温度和盐度的跃变带，因此两边的海洋有特别明显的差异。

15 南极的气候条件怎么样？

南极大陆气候有三个典型特征：酷寒、烈风、干旱。由于海拔高，空气稀薄，再加上冰雪表面对太阳辐射的反射等，南极大陆是世界上最寒冷的地方，平均气温比北极低约20℃，1983年在俄罗斯"东方"站观测的最低气温约为 -89℃。南极大陆自高海拔地区向沿海地区运动的"下降风"十分狂暴，最快时速达300千米每小时，且有时会连刮数日，因此南极也被称为"风极"。除西南极的低海拔地区以外，南极气旋导致中纬度暖湿空气很难进入南极内陆形成大范围降水，并且几乎全部以雪的形式降落。南极点附近几乎没有降水，空气非常干燥，因此南极也是世界上最干燥的大陆，有"白色沙漠"之称。

16　南极的动物主要有哪些？

南极的鱼类、大型哺乳动物以及海鸟等十分丰富，已发现鱼类 200 余种，鲸类 14 种，海豹 6 种，海鸟 50 余种。南极鲸和海豹的数量很可观，总数量分别约为 100 万头和 300 万头。常年或季节性栖息在南极的鸟类主要有企鹅、信天翁、海燕和海鸥等类群。最常见和数量最多的是各种企鹅、信天翁、巨鹱、雪鹱、南极燕鸥、花斑鹱、黑背鸥、蓝眼鸬鹚和南极贼鸥等。企鹅是南极的象征，生活在南极的企鹅有 7 种：帝企鹅、王企鹅、阿德利企鹅、金图企鹅、帽带企鹅、长眉企鹅和凤头黄眉企鹅，总数量约为 1.2 亿只，占世界企鹅总数的 87%，占南极海鸟总数的 90%。

南极帝企鹅（妙星 / 摄）

 南极的生物资源有哪些？

南极典型生物资源主要有南极磷虾和犬牙鱼。南极磷虾是世界上生物量最大的单一物种，总生物量达6亿—12亿吨。2019年，南极海洋生物资源养护委员会组织开展南极半岛周边海域的磷虾资源调查，评估该区域资源总量约为6200万吨。目前人类捕捞活动主要集中在南极半岛周边海域，预防性捕捞限额为每年 561 万吨，实际捕捞量约为每年 40 万吨。南极磷虾主要捕捞国有挪威、中国、韩国、智利、乌克兰等。小鳞犬牙南极鱼、鳞头犬牙南极鱼、裘氏鳄头冰鱼等南极渔业资源的主要捕捞国有英国、法国、澳大利亚、新西兰、西班牙、韩国等，我国尚未开展上述鱼种的捕捞。

 南极的矿产资源有哪些？

公开资料显示，南极蕴藏着丰富的矿产和油气资源，已发现矿产资源多达 220 余种，主要有煤、铁、铜、铅、锌、铝、金、银、石墨、金刚石等，还有钍、钇和铀等具备重要价值的稀有矿产，其中铁、煤的蕴藏量巨大。此外，南极还蕴藏巨大的光能、风能、地热能和潮汐能等能源以及石油、天然气资源。为保护南极生态环境，相关国家于 1991 年签署《关于环境保护的南极条约议定书》，第七条规定除与科学研究有关的活动外，禁止在南极从事任何有关矿产资源的活动。

19 什么是南极"魔鬼西风带"?

西风带位于南北半球的中纬度地区，常年盛行强劲西风，温带气旋活动较为频繁，海水受西风影响形成了世界上最强劲的洋流"西风漂流"。由于南极大陆被海洋环绕，没有陆地和山脉阻挡，强劲西风将南极与中低纬度气流、热量交换隔绝，所以南半球的西风带常年盛行 10—13 米每秒的西风和 4—5 米高的涌浪，15 米每秒以上的大风天气全年各月均在 10 天以上，狂风巨浪给船舶航行带来极大困难和危险，所以被航海者称为"魔鬼西风带"。

极地海域为什么是重要的碳汇区?

　　碳汇是指将二氧化碳（CO_2）从大气中吸收并储存起来的过程。海洋吸收了人类活动排放 CO_2 的四分之一，其中极地海域是海洋碳汇最主要的发生地。根据有关研究分析，南大洋具有广阔的面积和深度，是全球最大的海洋碳汇区，每年可吸收 20 亿—30 亿吨 CO_2；北冰洋每年也可吸收约数亿吨 CO_2。

> **❯ 延伸阅读**　极地海域 CO_2 吸收机制
>
> 　　海洋吸收 CO_2 主要通过生物泵和物理泵两个机制。生物泵机制主要指在夏季，极地海冰边缘海域丰富的营养物质和适宜的温度使得浮游植物生长迅速，不仅为整个海洋生态系统提供了充足的食物，而且通过食物链将 CO_2 带到更深的海域，促进了上层海洋吸碳能力的提升。物理泵机制主要指在冬季，极地和高纬度海域是全球深层水和底层水的形成地，

大规模的海水冷却下沉，可以将富含 CO_2 的水体从表层迅速下沉到深海中，增加了海洋对于碳的吸收能力。当然，作为全球变化响应的敏感地区，极地海域也是一个不稳定的活跃碳库，升温、混合和海水上翻等自然因素可以将原先储存于海水中的 CO_2 重新释放到大气中。

21 北极的区域范围是什么？

北极地区是指北极圈（约 66.5°N）以北区域，包括北冰洋以及其环绕的岛屿和欧亚、北美大陆北部区域。总面积约 2100 万平方千米，其中陆地面积约 800 万平方千米，分别属于俄罗斯、加拿大、美国、丹麦、挪威、冰岛、芬兰、瑞典 8 个国家，其中俄罗斯、加拿大、美国、丹麦、挪威 5 个国家是北冰洋沿岸国。北冰洋被亚洲、欧洲和北美洲三大陆地北岸包围，海岸线曲折，类型多样，既有陡峭的岩岸及峡湾型海岸，又有磨蚀海岸、低平海岸、三角洲及潟湖型海岸和复合型海岸等。宽阔的陆架区发育出许多浅水边缘海和海湾，白令海峡是连接北冰洋与太平洋的唯一通道。

22　北冰洋的气候条件怎么样？

　　北冰洋气候寒冷，洋面大部分终年冰冻。北极海区最冷月平均气温可达 −40—−20℃，寒季最低温度接近 −70℃，暖季也多在 8℃ 以下；年平均降水量仅 75—200 毫米，格陵兰海可达 500 毫米；寒季常有猛烈的暴风。北欧海区受北大西洋暖流影响，水温、气温较高，降水较多，冰情较轻；暖季多海雾，8 月几乎每天都有雾。北极海区从水面到水深 100—225 米海域的水温约为 −1.7—−1℃，在滨海地带水温全年变动很大，为 −1.5—8℃；而北欧海区，水面温度全年在 2—12℃之间。此外，在北冰洋水深 100—250 米到 600—900 米处，有来自北大西洋暖流的中间温水层，水温为 0—1℃。

23 北极的动物主要有哪些？

北极有丰富的陆生动物和海洋动物。在北极辽阔的苔原地带，生活着旅鼠、北极兔、驯鹿、麝牛、北极狐、北极狼、灰熊等陆生哺乳动物；北极生活着 200 多种鸟类，包括北极燕鸥、北极海鹦、暴风鹱、白颊黑雁、王绒鸭、岩雷鸟、游隼、雪鸮、雪鹀等。在北冰洋及其附近海域，生活着北极熊、各种鲸类、海豹、海象等大型海洋哺乳动物。鲸类常年生活在海洋中，北冰洋鲸类至少有 6 种，并且拥有世界上最珍贵的种类——角鲸和白鲸。它们和北极露脊鲸常年生活在北极，是极耐寒的鲸类。海豹、海象、北极熊等则以沿岸陆地和较厚的冰层为依托，在海中觅食。北极海洋底栖生物种类丰富，包括北极虾、雪蟹等。
北极的鱼类主要包括北极鲑鱼、鳕鱼、鲽鱼和毛鳞
鱼等。

24 什么是北极航道？

北极航道是穿越北冰洋，连接太平洋和大西洋的
海上航线集合，包括东北航道、西北航道和中央航
道。以欧洲视角而言，东北航道是指西起挪威北角附
近的欧洲西北部，经欧亚大陆和西伯利亚的北部沿
岸，穿过白令海峡到达太平洋的航道。西北航道是指
沿北美大陆北部沿岸并穿越加拿大北极群岛从而连通
大西洋和太平洋的航线。中央航道是指东起白令海
峡，经楚科奇海、北冰洋公海区域，西至挪威斯瓦尔
巴群岛附近海域的航线。

25 北极航道的通航情况如何？

　　截至 2023 年，北极东北航道每年可通航 3 到 4 个月，部分冰情较好的年份可达 5 到 6 个月，在破冰船的引航支持下可实现全年通航。西北航道因沿途地形复杂，海峡、岛屿多，且基础设施建设较弱，航道存在暗礁、浅滩，现阶段仅开展试验性货运航行。由于北冰洋公海区域，特别是北极点附近区域常年被厚厚的冰层覆盖，因此中央航道还不具备商船的通航条件，仅有部分国家的考察船开展试验性科学探索。与另外两条航道相比，中央航道的通行区域位于北冰洋公海。

26 为什么要利用北极航道？

　　随着北极海冰快速融化，北极航道已具备通航条件，成为亚洲与欧洲、北美洲之间最短、最便捷的水上运输要道，进而改变世界航运和贸易格局，影响十分深远。从亚洲任何 30°N 以北的港口出发经东北航道到达欧洲或经西北航道到达北美，与通行苏伊士运河或巴拿马运河的传统航线相比，航程将大幅缩短，不仅可以节约油料成本、缩短通航时间，还能够避开马六甲海峡、亚丁湾等恐怖主义和海盗活动多发区域，降低远洋航运的风险。

27　北极主要有哪些土著居民？

与南极不同的是，北极生活着土著居民，至少有一万多年的居住历史。2023 年北极理事会官方网站数据显示，北极土著居民属于 40 多个不同民族，总人口约 50 万，主要有斯堪的纳维亚半岛北部地区的萨米人、北美洲北部的因纽特人以及俄罗斯的科米人、雅库特人、鄂温克人、多尔干人、恩加纳桑人、恩特西人、南特西人等。从纬度看，主要分布在 60°N—80°N 之间，特别是 60°N—75°N 之间的地区。

因纽特人的渔村（潘敏 / 摄）

28 什么是极昼和极夜？

极昼和极夜是地球两极地区特有的自然现象。极昼是指一天之内，太阳都在地平线以上的现象，也就是一天 24 小时都是白天；极夜是指一天之内，太阳都在地平线以下的现象，也就是一天 24 小时都是黑夜。极昼和极夜的形成是由于地球在沿椭圆形轨道绕太阳公转时，围绕自身的倾斜地轴旋转造成的。

29 什么是极光?

极光的形成是一个物理过程，太阳在活动的过程中把大量带电粒子吹到星际空间，带电粒子进入地球高层大气层，沿着地球磁力线进入地球南极和北极上空的高层大气。这些带电粒子和大气中的氧原子、氮原子等碰撞，并激发、释放出绿色、蓝色和红色的光芒，形成了美丽的极光。极光的颜色还取决于带电粒

南极中山站极光（李航／摄）

子相互碰撞的空间高度和这些带电粒子的能量。极光形体的亮度变化比较大，当太阳黑子多的时候，极光不仅出现的频率增多，亮度也会增强。极夜期间，极光在地球南、北极距离地面 100—500 千米的高空随时可见。根据发生地点的不同，极光可以分为南极光和北极光。

30 什么是蓝冰？

蓝冰主要出现在南极，其成因是：降雪经历积累、粒雪化、成冰作用 3 个过程，冰层逐渐叠加后，下部冰层在上覆冰层压力作用下，经过漫长岁月便进入冰盖深部，冰内气泡随之减少，冰的密度加大，并随冰盖逐渐流动到大陆边缘，封存在冰中的气泡在长时间压力作用下体积缩小，由于阳光中蓝光的波长较短，易被冰层散射出来，冰层因此呈现出蓝色。

31 什么是冰裂隙？

冰裂隙也被称为冰缝，分布于冰盖和结冰的海冰之中。在冰川运动过程中，冰层受拉张或剪切力的作用形成裂隙。冰裂隙对考察队员和车辆安全构成威胁。因为许多冰裂隙上面覆盖着厚薄不一的积雪，人眼难以识别，当人员或车辆行进在上面时，极易造成积雪崩塌，导致人员或车辆直接掉入冰裂隙，十分危险。

32 什么是极地的"白化天"？

"白化天"是极地特有的自然天气和大气光学现象，是由极地的低温和冷空气相互作用而形成。当阳光照射到镜面似的冰层上时，会立即反射到低空的云层中，而低空云层和近地大气中无数细小的雪粒和冰针又像千万面小镜子将光线散射开，再反射到地面的冰层上。如此来回反射，会产生一种令人眼花缭乱的乳白色光线，形成白蒙蒙雾漫漫的乳白色天空，即"白化天"。这时人视野中的景物仿佛融入乳白色牛奶中，无法分清近景和远景，也无法分清景物大小，难以辨认方向，进而产生错觉，严重时还可致人晕眩，甚至失去知觉而丧命。

33 为什么南极比北极更寒冷？

南、北极位于地球两端，接受太阳辐射较少，冰雪又将大量太阳辐射反射回天空，造成南、北极成为地球的两个冷极。南极以陆地为主，北极以海洋为主，由于海洋的热容量比陆地大，因此北极比南极平均气温高。南极平均海拔远高于北极，也是造成南极温度更低的原因之一。此外，海洋中的洋流还可以给北极地区"补充热量"，如北大西洋暖流会沿着欧洲北部和斯堪的纳维亚半岛海岸线向北流动，然后进入北极区域，为北极带来热量。而南极有一条强大的洋流自西向东环绕着整个南极洲，被称为南极绕极流，由于没有陆地等阻挡，这条洋流在南极周围形成连续而强劲的环流系统。南极绕极流属于寒流，在它的阻挡下，来自低纬度的温暖海水被阻隔在南极洲之外，使南极变得更加寒冷。

34　南北极有绿色的植物吗?

南极的植物品种和数量较少，现有植物仅有 850 多种，且多为低等植物，包含地衣、苔藓、藻类。只有 3 种开花植物属于高等植物且均分布在南极半岛北端。

北极的植物品种和数量较丰富。北极圈附近的陆地是北极相对温暖的地方，虽然年平均气温不到

5℃，但由松树、云杉、冷杉等针叶树组成的森林仍然能在这里成片生长，这便是北方针叶林，范围从50°N延伸到70°N，覆盖欧亚、北美大陆北部的大部分区域。在纬度更高、更寒冷的地方，北方针叶林无法生长，由苔藓、地衣、草本植物以及一些矮小的灌木组成的苔原是主要的植被类型，分布面积超过1100万平方千米。

南极地衣（妙星／摄）

35 人类最早是在什么时候到达极点的？

　　1910 年 8 月 9 日，挪威探险家罗阿尔德·阿蒙森指挥"费拉姆"号船从挪威启航，于 1911 年 12 月 14 日到达南极点，成为世界上第一个到达南极点的人。1909 年 4 月，美国人罗伯特·皮尔里到达 89°57′N，证明了从格陵兰到北极点不存在陆地，整个北冰洋都被坚冰覆盖（1990 年经国际航海基金会鉴定，确认皮尔里是世界上第一个到达北极点的探险家）。

> ❯ **延伸阅读**　**中国到达极地地区新突破**

　　2005 年 1 月 18 日，中国南极科考队首次成功抵达南极内陆冰盖最高点冰穹 A（DOME-A），亿万年来寒冷孤独的地球"不可接近之极"。2023 年 9 月 27 日，由自然资源部组织的中国第 13 次北冰洋科学考察队顺利返回。此次考察期间，"雪龙 2"号船抵达 90°N 暨北极点，是我国首次由海上抵达北极点。考察队围绕大气、水文、生物及海冰情况开展了冰站调查和海洋综合调查，填补了我国北冰洋考察在北极点区域调查数据空白，为有效应对气候变化对全球和我国的影响提供了宝贵的数据支撑。

"雪龙2"号抵达北极点彰显我国极地装备能力提升

36 极地冰盖融化会带来什么影响？

南极和北极格陵兰岛冰盖最厚可达 3000—4000 米，是由数十万年甚至上百万年的持续降雪累积而成。在过去近 30 年间，科学家对南极和格陵兰冰盖开展了一系列观测，发现二者在加速消融，而这将导致海平面持续上升。据估算，格陵兰冰盖如果全部融化，海平面将上升约 7.5 米，如果南极冰盖全部融化，海平面可能再上升约 60 米。另外，冰川消融和退缩伴随着大量淡水入海，改变极地海洋的淡水收支，大量淡水输送也将影响整个高纬度地区海洋上层水的环流和循环模式。在化学和生物方面，冰川消融造成极区陆缘海域的贫营养化，导致浮游植物群落结构改变，将带来生物泵和生态系统等一系列变化。海冰融化及其带来的极端天气，也会导致世界沿海低地被淹、土壤盐碱化、农业减产、基础设施被毁等严重后果。

南极中山站冰山（余侯芳/摄）

篇三

提升极地考察能力

37 我国从什么时候开始南极考察？

　　1979 年 12 月至 1980 年 3 月，我国首次派出两名科学家参加澳大利亚国家南极考察队。1981 年 5 月，我国成立国家南极考察委员会。1984 年 11 月，

中国南极考察队首次登上南极大陆（国家海洋局极地考察办公室供图）

中国南极考察队乘坐"向阳红 10"号科考船和"J121"号打捞救生船赴南极进行科学考察，这是我国首次组织开展南极考察。截至 2024 年 3 月，我国已组织开展 40 次南极考察。

探极纵横八万里：1984 年，中国南极考察队首次登上南极大陆

38　我国从什么时候开始北极考察？

1999 年 7 月，我国首次北极考察队乘坐"雪龙"号从上海出发，两次跨入北极圈，到达楚科奇海、加拿大海盆和多年海冰区。2004 年和 2018 年，我国分别开展以黄河站和中冰北极科学考察站为平台的北极考察站考察。截至 2024 年 3 月，已组织开展了 13 次北冰洋考察、19 个年度的北极黄河站考察和 4 个年度的中冰北极科学考察站考察。

中国第七次北冰洋考察开展海冰作业（高悦／摄）

1999年中国首次北极考察

39 为什么要提高极地考察设施和技术水平？

　　极地考察设施是为探索未知，增进科学知识，保护环境，促进人类社会可持续发展提供极限研究手段的大型复杂研究系统，是极地面向科学前沿、解决经济社会发展和国家安全重大科技问题提供解决方案的物质技术基础。加强极地安全，必须夯实物质技术基础，强化基础设施和能力保障。为此，应不断提升极地考察的设施设备和技术水平，保障考察站稳定、高效运行，持续推动"雪龙探极"等有关极地重大项目和任务落实落地。

 我国极地考察保障能力如何？

截至 2024 年 3 月，我国已形成"雪龙"号、"雪龙 2"号，南极长城站、中山站、昆仑站、泰山站、秦岭站，北极黄河站和中冰北极科学考察站的保障布局。我国已完全具备独立自主开展南、北极考察的能力，南极考察从南极沿海向内陆逐步拓展，北极考察从北冰洋低纬度地区逐步向公海中心区域拓展。

在破冰船能力方面，我国拥有 PC6 级"雪龙"号和 PC3 级"雪龙 2"号两艘极地考察破冰船。在极区航空保障能力方面，我国拥有"雪鹰601"号固定翼飞机。2018年1月，"雪鹰601"号固定翼飞机成功降落在南极昆仑站机场，具备可覆盖南极冰盖最高点区域的航空保障能力。此外，为提高船载直升机保障能力，"雪龙"号船配备了"雪鹰102"号直升机，"雪龙2"号船配备了"雪鹰301"号直升机。在国内保障能力方面，在上海长江口沿岸建立了中国极地考察国内基地，建成了考察船专用码头、考察物资堆场与仓库等。

直升机在南极调运物资（中国极地研究中心供图）

我国有哪些极地考察站?

　　我国在极地区域建有 7 个考察站，分别是南极长城站、中山站、昆仑站、泰山站和秦岭站，北极黄河

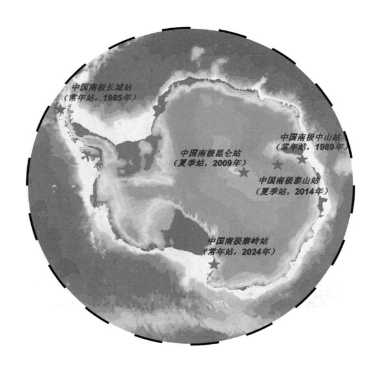

中国南极考察站位置示意图（郝光华／制）

站、中冰北极科学考察站。其中，南极长城站、中山站和北极黄河站为国家野外科学观测研究站。

南极长城站位于西南极乔治王岛，地理坐标为62°12′59″S，58°57′52″W，1985 年 2 月 20 日建成，平均海拔 10 米，经过升级改造，目前各类型建筑 12 座，建筑面积 4082 平方米，可容纳 25 人越冬、40 人度夏，是"南极长城极地生态国家野外科学观测研究站"，科学观测研究方向为极地低温生物、生态环境、气象、海洋、地质、测绘等。

南极长城站（中国极地研究中心供图）

南极中山站位于东南极拉斯曼丘陵，地理坐标为69°22′24″S，76°22′40″E，1989 年 2 月 26 日建成，平均海拔 11 米，经过升级改造，目前各类型建筑 18 座，建筑面积 8400 多平方米，可容纳 25 人越冬、120 人度夏，是“南极中山雪冰和空间特殊环境与灾害国家野外科学观测研究站”，科学观测研究方向为高空大气（极光、电离层）、大气（臭氧洞）、海洋、冰川、生物生态、地质等。

南极中山站（中国极地研究中心供图）

南极昆仑站位于南极内陆冰盖最高点区域，为季节性内陆考察站，地理坐标为 80°25′01′′S，77°06′58′′E，2009 年 1 月 27 日建成，主体建筑面积 558 平方米，海拔高度 4087 米，可满足 20 人度夏，主要开展深冰芯钻探、南极天文观测和地球物理学研究。

南极昆仑站（中国极地研究中心供图）

南极泰山站位于中山站和昆仑站之间，为季节性内陆考察营地，地理坐标为 73°51′S，76°58′E，2014 年 2 月 8 日建成。该站为南极内陆考察夏季站，主体建筑面积 410 平方米，可满足 20 人度夏。泰山

南极泰山站（中国极地研究中心供图）

站是昆仑站的中继站，可为昆仑站和格罗夫山区域的考察活动提供后勤保障支撑。

南极秦岭站位于南极三大湾系之一的罗斯海区域沿岸，面向太平洋扇区，地理坐标为 74°56′S，163°42′E，2018 年在南极维多利亚地恩克斯堡岛举行新站选址奠基仪式，2024 年 2 月 7 日建成并投入使用，是我国第五个南极考察站。

2004 年 7 月 28 日，北极黄河站在挪威斯瓦尔

南极秦岭站（中国极地研究中心供图）

我国第五座南极科考站秦岭站正式开站

巴群岛新奥尔松地区建立，地理坐标为 78°55′N，11°56′E，主体建筑面积 576 平方米，是"北极黄河地球系统国家野外科学观测研究站"，主要开展高空物理、生物生态、冰川等领域的科学考察。我国积极参与了新奥尔松科学管理委员会的工作，已在黄河站建成长期运行的气—冰—陆—海—生—空间多学科综合观测系统。

北极黄河站（中国极地研究中心供图）

2018 年 10 月 18 日，由中国和冰岛共同筹建的中冰北极科学考察站正式运行，地理坐标为 65°42′26″N，17°22′01″W，位于冰岛北部阿克雷里地区，主要开展空间环境监测。

北极中冰北极科学考察站（中国极地研究中心供图）

42 "双龙探极"的"双龙"是指什么？

　　截至 2024 年 3 月，我国拥有"雪龙"号和"雪龙 2"号两艘极地考察破冰船。"雪龙"号由乌克兰赫尔松船厂建造，1993 年底购进，先后经过三次大规模改造，可以 0.5 节航速破 1.1 米的冰加 20 公分的雪。"雪龙 2"号是我国第一艘自主建造的极地考察破冰船，2019 年下水，具备艏艉双向破冰功能，能以 2—3 节航速破1.5 米的冰加 20 公分的雪，可实现冰区原地 360°回转。2019 年 10 月，"雪龙 2"号从深圳出发，与"雪龙"号共同执行中国第 36 次南极考察任务,我国极地考察正式形成"双龙探极"格局,标志着我国极地考察现场保障和支撑能力取得新的突破。

"双龙探极"(中国极地研究中心供图)

43　相较"雪龙"号,"雪龙 2"号的优势是什么?

"雪龙 2"号在以下三方面具备较为突出的优势:一是破冰能力更强,"雪龙 2"号是全球首艘采用船艏、船艉双向破冰技术的极地考察破冰船,能够满足无限航区包括极区航行和作业需求。二是智能化程度更高，"雪龙2"号船体内部安装很多传感器，实现全船信息的全方位智能感知、获取、交换和展示，基于数据处理分析等技术，实现船舶和科考的智能化运行

"雪龙2"号考察船（中国极地研究中心供图）

"雪龙2"号考察船月池作业图（中国极地研究中心供图）

和辅助决策。三是科考能力更强，水密月池等冰区作业装备和柔性实验布局的配置，极大增强了我国冰区调查能力，拓展了对极地新疆域的认知范围和深度。

"雪龙2"号：大块头，也有大智慧

44 为什么要开展极地环境预报？

极地是全球气候变化最显著的地区，一方面，极地海冰快速减少，是当前研究全球气候变化的热点问题；另一方面，极地气候变化背景下的恶劣天气和海冰环境在很大程度上影响着人类在极地活动的安全性，特别是运输、旅游和资源开发对极地恶劣气候环境尤其敏感。因此，极地气旋和海雾演变、极地海冰、海浪和冰山分布等关键实况信息和预报信息，对于极地考察作业、北冰洋商船通航等具有十分重要的保障意义。

极地观测监测对应对全球气候
变化有什么重要意义？

　　极地是地球大气的主要冷源，在全球大气环流和
天气气候形成以及南北两半球热量、动量和水分的交
换等方面起着重要作用。极地冰盖和大洋沉积物中保
留着地质历史时期气候环境变化的详细记录，是了解
地球演化历史的良好载体，具有不可替代的重大科学
价值。此外，北极海冰在最近 30 年间加速消融，成
为全球变暖最显著的信号之一。联合国政府间气候
变化专门委员会报告显示，北极气温升高的幅度超
过全球平均水平的两倍。与此同时，南极大气和海
洋也表现出增暖的趋势。因此，开展极地观测监测，
有利于人类社会增强对极地的认知，了解全球气候
变化成因并掌握其发展趋势，以更好地应对各类风
险和挑战。

什么是南北极观测监测网？

　　国家南北极观测监测网是通过岸基、海基、海床基、空基和天基等观测手段，形成立体化、网络化、实时和准实时的海洋和陆地业务化观测能力，从而推动我国极地考察向更深程度、更广范围、更高层次迈进，进一步认识、保护、利用极地。

47 卫星遥感技术如何在极地发挥作用？

　　极地区域地域广袤、环境恶劣，高密度的现场观测网络布设难度大，且消耗的人力物力成本较高。而卫星遥感观测具有观测范围广、不受地域环境限制等优势，可以获取大面积长时间序列的极地环境监测数据，并且不会对极地环境造成影响，成为极地观测监测和科学研究中的重要手段。利用卫星遥感手段可以对极地海冰、海洋、大气和陆地等多方面不同要素进行观测，例如，利用目前空间分辨率越来越高的卫星数据可以对南极的冰架崩解、企鹅栖息地分布等开展监测。同时，即便利用卫星遥感手段获取的信息也往往需要现场观测的校正和检验，通过将卫星遥感手段与现场观测、航空观测等多种手段结合，可以更好地服务于极地科学研究。

 极地考察作业安全包括哪些方面？

极地考察作业安全主要包括以下方面：一是人员安全。在极地区域，考察队员需要面对极端的天气、复杂的地形以及不便的交通等挑战。人员安全最为重要，在开展活动前应接受必要的技能培训、配置专业的装备、具备良好的沟通协作能力以及制定详尽可行的应急救援机制等。二是物资安全。由于极地区域自然条件恶劣、交通运输困难，必须采取措施确保物资的运输、储存和使用安全，以最大限度减少损失和浪费。三是环境安全。南、北极是世界上最偏远的地区，受人类活动影响较小，生态系统较为脆弱。因此，在极地区域任何活动都应当遵循环境保护的原则，采取最大限度的保护措施，减少对当地环境和生态系统的损害。

49 在极地开展考察活动，队员的服装有什么特殊之处？

极地区域常年温度较低，应当特别注意保暖和安全，因此最里面通常穿着速干衣，有利于汗液挥发并保持衣物的干爽；第二层通常穿着抓绒衣、羽绒服等保温性能较好的衣物；最外层通常穿着防风透气的衣物，狂风容易带走身体的热量，防风透气的服装有助于抵御风寒并排出内部的湿气。有时还会根据工作需要和环境特点，在最外面穿着橘红色保暖工作服，橘红色在冰天雪地中容易被发现，连体防撕裂的布料可避免衣物被刮破割裂。头部需佩戴护耳绒帽，外戴安全帽。面部需佩戴面罩和墨镜。面罩的鼻子、嘴巴部位由可透气的材料制成或留有透气孔，方便呼吸。手上要戴防寒手套，脚上要穿厚袜子和保暖的工作鞋，工作鞋要防滑、防水和防砸。驾驶和乘坐橡皮艇开展海上科考作业时，还需穿着连体防寒救生服。

企鹅服套装　　礼服套装　　软壳套装　　速干套装　　高、低帮工作鞋

中国极地考察队员服装（中国极地研究中心供图）

如何应对极地区域的溺水低温危险？

极地区域表层海水温度较低，即使有科考服装保护，队员落水后如未能及时得到救援，会面临快速失温危险。轻度的失温症可以通过服用热饮、穿着或覆盖衣物及适度活动身体加以改善。中度失温则应使用加热毯及静脉注射加热后的药开展紧急救治。严重的失温症病患可以采用体外心肺循环或是体外膜氧合开展紧急救治，若已无脉搏则需同时开展心肺复苏。

极地科学考察人员有遭遇动物袭击的危险吗？

南极危险的动物有海豹、海狮、虎鲸，北极有北极熊、北极狼等，这些动物都有袭击人类的可能。2003 年曾发生过 1 名英国海洋生物学家在南极潜水时遭海豹袭击死亡的事件，2016 年发生过 5 名俄罗斯气象学家在北极特罗伊诺伊岛遭到 12 只北极熊"围困"的事件。此外，气候变化导致的生存环境变化使得海豹、北极熊等猎食动物在陆地上生活的时间变长，获取食物的可能性增加，从而加剧了人类遭受袭击的风险。

 在北极海冰作业时如何防范北极熊袭击?

极地考察队员在开展北极海冰作业前，首先要在上冰前一天提交上冰作业申请，经过考察队研究批准后，作业人员才能上冰。开展作业前必须检查通讯装备，按照预定的路线乘雪地车赴工作区。发现可疑目标后，要及时通知驾驶台和队员。在确认目标后，立即发布警报，船附近人员立刻返船，做好应急措施，采用考察船发出警铃和汽笛或直升机驱赶等方式，掩护队员转移或撤离。

53 为什么南极考察队员要戴墨镜和面罩？

　　由于南极地区大气层较薄，臭氧含量相对少，紫外线更容易穿过大气层到达地面。长时间暴露在强烈的紫外线下可能导致眼睛受伤，如日光性角膜炎（雪盲）和白内障。佩戴墨镜可有效阻挡紫外线，保护眼睛免受损伤。此外，南极地区经常受到强风和飞雪的影响，飞沙和飞雪颗粒可能进入眼睛，引发炎症等不适，佩戴墨镜可提供有效保护，防止飞沙和飞雪颗粒直接进入眼睛，同时减少寒冷干燥环境对眼睛的不利影响。而佩戴面罩可有效保护面部皮肤，减少晒伤和冻伤事故发生的可能性。

篇四

增强极地科学认知

54 南极有哪些重要的科研价值?

南极是地球系统运动和变化的重要动力来源,是研究外层空间的最佳"窗口"。南极还拥有独特的生态系统,忠实记录了古气候和地质演化、变迁的过程。南极岩石和化石是古陆变迁的重要证据,南极陨石是研究太阳系起源和宇宙演化的珍贵样本,南极冰盖是记录古气候变化的档案库。南极更是研究全球气候变化的关键地区,是开展大气臭氧变化、全球变暖、海平面变化等观测监测和调查研究的天然实验室。

55 北极有哪些重要的科研价值?

北极是地球上重力和离心力场、气候场、电磁场的特殊地区，因此，在北极地区开展海洋环境、固体地球、高层大气、空间科学等研究，具有十分独特而重要的意义。如北极冰芯蕴藏着大量地球古气候信息，北极地区特殊的磁力和重力场结构是地球物理和空间物理学研究的热点，北冰洋及其海冰是全球气候系统的重要组成部分。

 我国开展极地科学研究的目标是什么？

我国将开展极地科学研究作为认识、保护和利用极地的重要途径，依托南北极考察活动，持续加大极地基础研究力度，积极开展国际极地科学前沿问题研究，形成一支门类齐全、体系完备的科研队伍，组建涵盖极地海洋、测绘遥感、大气化学等领域的重点实验室，推动极地研究由单一学科向跨学科综合研究发展，力争在极地冰川学、空间科学、气候变化科学等领域取得一批具有世界领先水平的科研成果。

57　我国极地科学研究的主要领域有哪些?

自 1984 年首次开展极地考察以来，我国主要组织开展了应对气候变化、海洋、冰雪等领域的调查研究，在海洋生态、生态地质学、冰盖稳定性、空间科学等领域取得一批具有国际影响的重要成果，其中极区海洋酸化、南极冰下地形和高空大气物理研究水平已跻身世界先进行列。

58　我国极地科学基础研究的优先领域有哪些?

我国极地科学基础研究的优先领域主要有 6 个，分别是：极地冰盖不稳定性和海平面变化、北极海—冰—气相互作用及其气候效应、南大洋环流变化及其全球效应、南北极地质过程及资源环境效应、极地生态系统的敏感性与脆弱性、日地耦合与极区大气圈层相互作用。

59 我国在极地海洋研究领域取得了哪些重要进展？

我国立足全球变化，围绕南大洋环流与水团变异、生物地球化学循环与碳通量、极区海洋生物生态学、极地海冰观测与研究、海—冰—气相互作用、海洋地质与地球物理过程等开展长期连续调查监测。在南极深层水和底层水与大洋环流、极地生物地球化学循环与全球关系、极地海洋生物群落与多样性、冰架与海洋相互作用及其快速变化、极地海洋沉积记录、北极洋中脊地壳结构等领域取得了重要研究成果。

我国在极地冰川学研究领域取得了哪些重要进展？

在极地冰川学观测与研究领域，我国组织开展了中山站至昆仑站断面综合观测研究，获得了系统的冰川化学、冰川物理学、气象气候学综合数据和冰下地形数据。完成了冰穹 A 冰厚分布及其冰盖下甘布尔采夫山脉地形的详细勘测，在南极冰盖起源与演化研

冰芯取样（中国极地研究中心供图）

究方面取得重大突破。在昆仑站所在的南极内陆冰穹A区域建立深冰芯钻探系统，钻取深度达 800 米，为反演十万年乃至百万年时间尺度气候变化提供了宝贵信息。在北极新奥尔松地区，我国组织开展了冰川物质平衡、动力学、水文学等领域的调查观测监测，为研究北极气候和冰川作用提供了基础数据支撑。

 我国在极地大气科学研究领域取得了哪些重要进展？

在大气科学观测与研究领域，我国在南极建立长城气象站和中山气象台，纳入南极基本天气站网和南极基本气候站网，并加入世界气象组织的观测网。在南极冰盖上安装自动气象站，获取的数据填补了中山站到冰穹 A 观测资料的空白。在极区大气边界层结构和能量平衡、大气环境、北极温室气体观测、极地对我国气候影响的遥相关机制等研究领域取得重要成果。

北极长期冰站气象考察（中国极地研究中心供图）

 我国在极地空间科学研究领域取得了哪些重要进展？

在空间科学观测与研究领域，利用南极中山站和北极黄河站的特殊地理位置，建立极区高空大气物理

081

观测系统，形成南北极共轭观测对，观测要素涵盖极光、极区电离层和地磁。利用观测数据对极隙区电离层特征进行了系统研究，并在国际上首次观测到极区等离子体云块的完整演化过程。

63 我国在极地生命科学研究领域取得了哪些重要进展？

在生命科学观测与研究领域，我国在潮间带群落动态生态学的系列演替、南北极生物的生态分布、生物生产力、食物链、极地生物多样性及生态系统脆弱性等方面获得了大量数据和研究成果。实施南极菲尔德斯半岛与北极新奥尔松地区陆地、淡水、潮间带和浅海生态系统的考察研究，定量分析各亚生态系统的关键成分和主要特征，建立生态系统相互作用模型。开展极端环境下的医学研究，对考察队员进行系统生理和心理适应性研究，获得不同环境、考察时间和任务的生理心理适应模式，探讨了南极特殊环境下生命科学的基础问题。

 我国在南极固体地球科学研究领域取得了哪些重要进展？

　　在固体地球科学观测与研究领域，我国建立了菲尔德斯半岛区域火山地层序列，建立了晚白垩纪以来南极半岛演化新模式。在普里兹湾识别出泛非期构造热事件，突破传统南极大陆形成模式。开展格罗夫山区域的地质调查与研究，提出了上新世早期以来东南极冰盖进退演化历史过程。开展了埃默里冰架东缘——普里兹湾沿岸地区地质调查，确认了南极泛非期普里兹构造带为碰撞造山带。调查了东南极西福尔丘陵东南侧带状冰碛物，确定该区域存在年龄达 35 亿年的古太古代地块。获得了拉斯曼丘陵、菲尔德斯半岛地区航空影像图和航测地形图。

65 我国在南极天文学研究领域取得了哪些重要进展?

在南极天文观测与研究领域,我国在昆仑站安装3套南极天文保障平台,完成南极冰穹 A 地面视宁度的实测,获得极夜期间天光背景亮度、大气消光、极光影响等实测数据。开展对大气边界层高度和大气湍流强度的监测,对太赫兹波段透过率进行了连续监测,借助 2 台南极巡天望远镜和 1 台南极亮星巡天望远镜获得了大量巡天数据,为我国太空观测从北半天拓展到南半天奠定了基础。

66 我国在南极气候变化研究领域取得了哪些重要进展?

在气候变化研究领域,我国在南极普里兹湾73°E 的多学科监测断面被纳入国际气候变化与预报

海洋观测综合浮标系统布放（中国极地研究中心供图）

长期监测断面及监测系统。开展了南大洋海冰变化规律研究及海冰变化与地球气候系统特别是与中国气候的关系研究。发现南大洋水团对全球变化的不同响应趋势，建立了南大洋碳循环和碳通量估算的技术和方法。在冰盖不稳定性及其对全球变化的响应、

南大洋环流变化及其区域和全球效应等领域取得重
要进展。

我国在北极气候变化研究领域取得了哪些重要进展？

　　围绕应对气候变化，我国在北极地区主要开展了
海洋—海冰—大气相互作用及其气候环境效应研究，
取得了多项科学成果。主要有：获取北极海冰变化与
欧亚大陆大气环流及其对我国气候的影响。发现了
楚科奇海灯笼鱼有观测记录以来最靠北的活动区域，
初步证实了气候变化背景下，部分鱼类种群正在往
北迁移。基于近 30 年船载观测数据，发现北冰洋海
洋酸化速率为全球其他大洋的 3—4 倍。研发实现北
极多尺度变化的海冰分布模拟，开展北极海冰季节
预测等。

我国在极地科研成果应用与服务方面有何进展？

　　我国在开展极地基础科学研究的同时，也十分重视科研成果的应用与服务，探索建立科研应用服务体系和制度机制，逐步扩大服务领域。依托"国际极地年中国行动计划""南北极环境综合考察与评估专项"以及国家"863"计划、"973"计划和国家科技支撑计划等，开展冰盖稳定性、海洋—海冰—大气相互作用、海洋酸化等国际重大科技前沿问题专项研究，对联合国政府间气候变化专门委员会的全球气候变化科学评估工作作出重要贡献。建立极地海冰和大气数值预报系统，每天定时提供数值天气和海冰预报产品。加入国际数据共享平台，建立中国极地科学数据共享网和标本资源共享平台，促进数据和样品全球共享。着眼科技发展对资源可持续利用的关键作用，设立南极海洋生物资源开发与利用项目，开展南极磷虾科学调查、探捕评估工作。开展极地海冰密集度

南极的海冰与冰山（中国极地研究中心供图）

遥感数据分析，为极区航行船舶提供航线规划和导航服务。

我国在南极参加或发起了哪些国际科学合作项目？

我国参加了南大洋观测系统计划，该计划由南极研究科学委员会、海洋研究科学委员会共同倡议设立，南极考察主要国家参与，其目标是通过协调共享各国的南大洋观测数据，为相关各方提供南大洋动态和变化的基本观测资料，为准确评估南大洋变化的成因及其潜在影响提供基础支撑。我国已在南极普里兹湾和南极半岛邻近海域开展长期稳定的调查观测，同时增加了南极宇航员海、罗斯海和阿蒙森海三个调查海区，并提出了包括南大洋"大环"计划在内的南大洋观测网计划。

我国在北极参加或发起了哪些国际科学合作项目？

2019年9月至2020年10月，我国参加了北极气候多学科漂流冰站计划，成为该国际联合科研项目的主要参与国之一。该计划由德国发起，共有来自20多个国家的600多位科学家参与。我国科学家参与了该计划全部5个学科组的现场考察以及其中4个航段的现场观测，牵头负责了布放海冰物质平衡浮标阵列、冰下浅层海洋剖面浮标和冰下沉积物捕获器等项目，观测数据实现国际共享，提高了对北冰洋中央区域海洋—海冰—大气相互作用的科学认知，为提升海冰和天气气候预测预报能力作出重要贡献。

我国科学家于2021年实施了北冰洋洋中脊国际联合考察计划，在美国、加拿大、挪威等十多国科学家的共同参与下，首次实施了常年冰封的北极加克洋中脊区域大规模海底地震和大地电磁探测，完成了洋中脊地壳探测最后一块拼图。

自然资源部第二海洋研究所联合俄罗斯、挪威等国多个高校、研究所、企业，共同申请的"多圈层动力过程及其环境响应的北极深部观测"国际合作研究计划，于2022年6月8日正式获批联合国"海洋科学十年"项目。

我国在国际极地年取得的成就有哪些？

国际极地年是全球科学家共同策划、联合开展的大规模极地科学考察活动，被誉为国际南北极科学考察的"奥林匹克"盛会。100 多年来，国际社会为了探索极地，认识全球环境，先后组织了 4 次国际极地年行动。由于历史原因，我国未参加前三次国际极地年行动。2007 年 3 月 1 日至 2009 年 3 月 1 日期间，我国参加了第四次国际极地年行动，并制定了国际极地年中国行动计划，该计划主要任务包括：南极普里兹湾—埃默里冰架—冰穹 A 断面科学考察与研究计划、北冰洋综合考察、国际合作和数据共享、科学普及与宣传，其中南极普里兹湾—埃默里冰架—冰穹 A 断面科学考察与研究计划被列为国际极地年联委会全球核心科学计划。该计划的有效实施，拓展了我国极地考察的领域，强化了各学科的系统研究，同时积累了组织实施大型国际性项目的经验，推进了以我国为主国际合作格局的形成，建立了观测系统与数据样品共享平台，受到了国际社会的高度评价。

> ❯ 延伸阅读 第三次国际极地年的重要意义

第三次国际极地年（1957—1958 年）发展成国

际地球物理年，有 67 个国家参加，开展了有史以来最大规模的极地科学研究。它促进了南极研究科学委员会等国际组织的诞生，标志着现代科学考察与研究的开始，同时也促成了《南极条约》的诞生，和平利用南极从此成为国际社会的主导理念。

篇五

规范极地活动管理

国内现行的南极法律法规有哪些？

我国南极法律正在制定当中，已实施的南极相关管理制度主要是部门规范性文件。2014 年 5 月 30 日，国家海洋局颁布实施《南极考察活动行政许可管理规定》，这是我国首个关于南极活动管理的规范性文件。随后又陆续颁布了《南极活动环境保护管理规定》《南极考察活动环境影响评估管理规定》《访问中国南极考察站管理规定》等管理文件。

南极考察人员要注意哪些事项？

南极考察人员出发前的注意事项包括：接受南极知识和相关技能的培训、开展环境影响评价并获得必要行政许可等。离开南极后的注意事项包括：按照规定汇交科学数据和样品、提交紧急情况信息和活动情况报告等。

在南极现场的注意事项包括：配合开展国际视察工作；未获得许可禁止携带非南极本土的动植物和微生物等有机生物，禁止猎捕哺乳动物、鸟类、陆上或淡水中的无脊椎动物，禁止采摘和采集植物以及其他可能干扰动植物的活动，禁止采集南极陨石、矿物，不得进入南极特别保护区，不得在南极建立人工建造物，以及其他可能损害南极环境的活动；禁止在南极处置放射性废物材料；按规定妥善处理有关废弃物；遵守特别保护区和特别管理区的管理计划；不得损害历史遗址和纪念物；对环境紧急状况采取应对措施等。

同时，上述要求存在两种例外情形：一是履行义务会导致对环境造成更大损害的情形；二是出现为了人类生命和安全，高价值船舶、飞机或设备的安全，保护环境等紧急情况。

开展哪些南极活动需要许可？

2018 年 2 月，国家海洋局发布《南极活动环境保护管理规定》，要求对南极生态环境可能产生特殊影响的部分考察活动进行许可；开展南极活动前，应当提前编制环境影响评估文件，并报国家海洋局。此外，《规定》提出将对南极活动组织者和活动者的行为进行监督检查，对违规行为追究相关责任，建立南极考察活动的征信体系；还将根据南极自然和生态环境承载能力，分区域建立南极活动总量控制制度。

《南极活动环境保护管理规定》

开展南极考察活动是否需要提交申请？

《南极考察活动行政许可管理规定》第三条规定："公民、法人或者其他组织开展涉及以下所列事项的南极考察活动时，应当向国家海洋行政主管部门提出申请。（一）进入南极时携带非南极本土的动物、植物和微生物等有机生物，食物除外；（二）猎捕哺乳动物、鸟类及无脊椎动物，采摘和采集植物以及其他可能干扰动植物的活动；（三）采集南极陨石；（四）进入南极特别保护区的活动；（五）在南极建立人工建造物的活动；（六）其他可能损伤南极环境和生态系统的活动。"第十四条规定："申请者应当在每年4月1日至30日之间提交当年6月1日至下年度5月31日之间赴南极开展本规定第三条所列考察活动的申请。"

《南极考察活动行政许可管理规定》

76 《南极考察活动行政许可管理规定》主要内容是什么?

　　《南极考察活动行政许可管理规定》共 33 条，包括总则、申请与受理、审查与决定、监督管理、附则 5 章，主要对我国南极考察活动的行政许可进行规范。第一章总则主要规定编制目的和依据、南极考察活动含义、适用范围、审批原则、总量控制、申请者权益等内容；第二章申请与受理主要规定主管部门、公示、申请材料、环境影响评价、申请时限、申请受理、受理凭证、申请撤回、变更和重新申请等内容；第三章审查与决定主要规定专业审查、审批时限、批准凭证、许可证、不予批准的情形等内容；第四章监督管理主要规定南极考察活动报告书、紧急情况、监督检查部门、内部监督、现场监督、监督检查要求、法律责任等内容；第五章附则主要规定特殊说明和施行时间等内容。

参观我国南极考察站有哪些注意事项？

《访问中国南极考察站管理规定》旨在保护南极环境和生态、规范访问中国南极考察站的活动，要求访问考察站应以保护南极环境、不影响考察站正常科考和后勤保障工作为原则，无人值守的考察站不接受访问申请；访问考察站应提前取得国家海洋局同意，在到达考察站前24小时至72小时之内通知考察站，并出示国家海洋局同意访问的批复。

《规定》要求，访问考察站期间，活动者应遵守《南极活动环境保护管理规定》；服从考察站安排，在指定区域和路线内活动，禁止触碰或损坏考察站设备；禁止使用无人机航拍、禁止使用发射功率大的设备和高噪音设备；禁止携带恐怖主义、极端主义等宣传资料；禁止未经许可在考察站开展商业活动；禁止有损公序良俗和国家形象的行为；禁止其他违反南极条约法律体系和国内相关规定的活动。

《访问中国南极考察站管理规定》

 《赴南极长城站开展旅游活动申请指南（试行）》主要内容是什么？

　　为保护南极生态环境，保障南极长城站科学考察工作正常开展，自然资源部发布《赴南极长城站开展旅游活动申请指南（试行）》，明晰了赴南极长城站旅游申请流程。

　　《指南（试行）》要求，拟申请赴长城站开展旅游的企业，应在每年9月15日至9月30日期间的工作日，向自然资源部政务大厅现场递交中文版书面材料。国家海洋局极地考察办公室将申请审核结果于每年10月中旬在官方网站上集中公示。对于申请通过的企业，可以和长城站取得联系。获准赴长城站开展旅游活动的审核结果仅单次有效，获批企业应在审核同意的日期赴长城站开展旅游活动，审核结果不得转让转借。南极长城站旅游活动开放时间是规定接待日的 8：00—17：00。各旅游企业必须切实加强对赴南极长城站的游客在环保方面的专题教育，切实遵守南极环境保护和动植物保护的相关要求。

在极地水域航行的船舶需要遵守哪些特殊要求？

在极地水域航行的船舶首先要遵守《国际防止船舶造成污染公约》《国际海上人命安全公约》《国际船舶压载水和沉积物控制与管理公约》等全球性航运条约。此外，2017 年 1 月 1 日，国际海事组织制定的《国际极地水域船舶航行规则》正式生效并付诸实施，成为极地海域航运的重要法律之一。极地水域航行的船舶在船舶建造、安全装备、航行要求、环境保护及损害控制等方面也要符合上述规定。

80　我国开展南极旅游的情况如何？

随着经济发展和人民生活水平的提高，近年来我国赴南极旅游的游客数量增长较快。2018/2019年度，我国南极游客数量为8149人，是南极旅游第二大客源国。截至2023年，我国有5家企业成为具备国际南极旅游经营者协会代理商资格的会员，但没有拥有船只和飞机等极地旅游资产、能独立提供南极旅游产品的运营商。

 延伸阅读　南极旅游主要路线

南极旅游一般有三条路线：一是从澳大利亚或新西兰出发路线。一般需要25—30天，在海上航行时间长。二是从阿根廷乌斯怀亚港出发路线。一般需要10—15天。三是从智利蓬塔阿雷纳斯出发路线。一般是搭乘飞机加邮轮或仅飞机，旅游时间较短。南极旅游旺季一般是11月到次年3月，即南极的暖季。

北极旅游旺季一般是6—9月，有欧洲、俄罗斯、格陵兰等多个旅游路线，主要有三条：一是斯瓦尔巴群岛航线。这条航线主要是在斯匹次卑尔根群岛西海岸和北海岸考察参观，需要8—14天。二是斯瓦尔巴群岛＋格陵兰＋冰岛航线。这条路线最北端在80°N的斯匹次卑尔根群岛，最南端在北极圈附近的冰岛，全程需13—14天。三是北极点航线。从俄罗斯摩尔曼斯克乘坐核动力破冰船，一路向北直抵北极点（90°N），回程途中在法兰士约瑟夫地群岛有登陆安排。

$\mathcal{81}$ 游客进入南极需要注意什么？

2011年，南极条约协商会议通过《南极访问者一般性指南》，要求进入南极的游客注意以下5个方面：一是保护南极野生动物。除依据国家主管部门颁发的许可外，禁止访问者对南极动物实施有害干扰，包括不准喂食、抚摸或触碰鸟类或海豹，或以引起其改变行为的方式接近或拍照等。二是尊重受保护区域。除依据各国极地事务主管部门颁发的许可外，访问者禁止进入受保护区域，访问者在指定的历史遗址附近以及其他特定区域的活动应受到特殊限制。三是尊重科学研究。访问者在访问南极科学和后勤支持设施前应获得许可，并严格遵守访问规则。四是注意安全。南极天气多变，访问者应确保设备和服装符合南极标准，应了解自身能力以及南极环境带来的危险，并采取相应行动。五是保护南极原貌。访问者应保护南极原貌，不得在地上丢弃废弃物或垃圾、露天燃烧、污染湖泊或溪流。

 进入南极后产生的垃圾怎么处理?

《关于环境保护的南极条约议定书》附件三规定，

南极废弃物的处理方式主要有移出和焚化两种方式。对于放射性物质、电池、液体和固体燃料等，以及其他含有如焚化可能产生有害排放物的添加剂产品等，应移出南极条约地区。对于没有移出南极条约地区的易燃废物，应在最大程度减少有害物排放的焚化炉中进行焚化，并应考虑南极条约协商会议制定的规则和标准，同时也应将焚化遗留的固体残余物移出南极条约地区。

开展北极考察活动是否需要提交申请？

《北极考察活动行政许可管理规定》第三条规定："公民、法人或者其他组织组织开展涉及以下所列事项的北极考察活动时，应当向国务院海洋主管部门提出申请：（一）利用国家财政经费组织开展的北极考察活动；（二）公民、法人或者其他组织开展的其他北极考察活动，主要包括：1.在《斯匹次卑尔根群岛条约》适用区域设立固定（临时或长期）考察站、考察装置或进行重大北极考察活动；2.在北极的公海及其深海海底区域和上空进行的北极考察活动；3.为北极观测需要进行的在北极区域内选址等相关活动；4.除前3项情形外，其他需进入我国考察站或接触考察装置等对国家组织的北极考察活动产生直接影响的活动。"

《北极考察活动行政许可管理规定》主要内容是什么？

《北极考察活动行政许可管理规定》共33条，包括总则、申请与受理、审查与决定、监督管理、附则5章及1个附录，主要对我国北极考察活动的行政许可进行规范。第一章总则主要规定编制目的和依据、北极考察活动含义、适用范围、审批原则、申请者权益、活动者基本义务等内容；第二章申请与受理主要规定主管部门、公示、申请材料、环境影响评价、申请受理、受理凭证、申请撤回、变更和重新申请等内容；第三章审查与决定主要规定审查标准、审批时限、专业审查、批准凭证、许可证、不予批准的情形等内容；第四章监督管理主要规定北极考察活动报告书、数据与资料共享、紧急情况、监督检查部门、内部监督、现场监督、法律责任等内容；第五章附则主要规定施行时间等内容；附录主要明确北极的范围。

《北极考察活动行政许可管理规定》

篇六
提高极地治理能力

我国在参与国际极地治理方面取得了哪些重要进展？

在南极，我国于 1985 年成为南极条约协商国，2007 年成为南极海洋生物资源养护委员会成员国，并先后与 20 多个国家签订合作协议。我国科学家多次担任南极国际组织重要职务。在第 40 届南极条约协商会议上，我国发布《中国的南极事业》白皮书性质的报告，牵头提出的"绿色考察"倡议获得通过。

在北极，我国于 1925 年成为《斯匹次卑尔根群岛条约》缔约国，2013 年成为北极理事会观察员，2018 年签署《预防中北冰洋不管制公海渔业协定》并在 2021 年正式批准。2018 年发布《中国的北极政策》白皮书，向国际社会阐明我国参与北极事务的政策目标、基本原则和政策主张，推动各方共同维护和促进北极的和平、稳定和可持续发展。

多年来，我国积极参与南极条约协商会议、南极

海洋生物资源养护委员会会议，以及《预防中北冰洋
不管制公海渔业协定》缔约方会议、北极理事会工作
组会议等国际机制工作，积极参与极地国际治理规则
制定。

我国参加的极地领域主要国际组织和会议有哪些？

在南极，我国参与的具有国际治理决策权、管理
权的国际机制包括南极条约协商会议、南极海洋生物
资源养护委员会。南极条约协商会议是各国协商南极
事务的重要国际平台，在确保南极和平利用，保障科
学调查自由，促进国际合作，保护南极环境及其附属
生态系统等方面发挥了重要作用。南极海洋生物资源
养护委员会是根据《南极海洋生物资源养护公约》成
立的国际机构，职责是通过管理捕捞及其相关活动，
落实《公约》第二条所规定的养护南极海洋生物资源
的宗旨和原则，其中，"养护"一词包括"合理利用"。

此外，我国还是南极研究科学委员会、国家南极局局长理事会等主要极地科学和后勤合作组织的成员。南极研究科学委员会和国家南极局局长理事会主要是为南极条约协商会议和南极海洋生物资源养护委员会提供独立客观的科学、技术建议。

在北极，我国参与的具有国际治理决策权、管理权的国际机制是《预防中北冰洋不管制公海渔业协定》缔约方会议。同时，作为北极理事会观察员，我国可参加北极理事会相关工作，但不享有决策权。此外，我国是国际北极科学委员会、新奥尔松科学管理者委员会等主要极地科学和后勤合作组织的成员，并牵头发起成立了极地科学亚洲论坛、太平洋北极扇区工作组和中国—北欧北极研究中心3个合作交流平台。

南极条约体系指什么？

南极条约体系主要包括《南极条约》《南极海洋

生物资源养护公约》《南极海豹养护公约》等。此外，
《联合国海洋法公约》以及航运、渔业等相关条约和
规则，一般通过与南极条约体系的互动适用于南极
地区。

88 《南极条约》的主要原则是什么？

一是主权冻结原则。根据《南极条约》第四条，
在条约有效期内"冻结"或搁置主权争议，条约生效
期间各国采取的任何行动均不构成提出、支持或否定
领土主权主张，或创设主权权利的基础，不得提出新
的领主主权主张或者扩大现有的主权主张。二是和平
使用原则。南极应为和平目的而使用，禁止在南极洲
开展军事性质活动、开展核爆实验、丢弃核废弃物，
不应成为国际纷争的场所和对象。三是科学调查自由
与国际合作原则。各国可根据规定自由开展科学调
查，并开展相关国际合作和人员、信息交换。四是环

境保护原则。《关于环境保护的南极条约议定书》要求缔约方在规划和实施一切南极活动时，把保护南极环境及附属生态系统作为重要考虑因素。

南极条约协商会议的决策机制和执行机制是什么？

南极条约协商国有权参与南极条约协商会议，并根据"协商一致"的决策规则，协商制定措施、决定、决议等。其中，措施通常包含具有法律约束力的内容，决定通常用于处理组织内部事项，决议通常用于表达集体意向。截至 2023 年，《南极条约》共有 56 个缔约国，其中 29 个是协商国。根据《南极条约》规定，南极条约协商国通过开展视察，确保各国对《南极条约》及其相关规则制度的遵守。

90 如何成为南极条约缔约国和协商国？

　　批准或加入《南极条约》的国家统称为缔约国。协商国是指在南极开展诸如建立科考站或派遣科学考察队等实质性科学研究活动，同时经过已成为协商国的国家一致同意，有权委派代表参加南极条约协商会议的缔约国。协商国与缔约国的区别主要有两点：一是协商国有权委派代表参加南极条约协商会议并参与表决。会议的各项措施、决定和决议，须经所有协商国一致同意才能生效。非协商国只能应邀参加会议，不能参与表决。二是协商国有权指派观察员开展南极条约所规定的任何视察。我国于 1983 年加入《南极条约》，成为南极条约缔约国，于 1985 年成为南极条约协商国。

91　什么是南极海洋保护区？

　　多年来，南极海洋生物资源养护委员会围绕海洋保护区的设立和管理开展了大量工作，但尚未明确界定"海洋保护区"的定义。2006 年，南极海洋生物资源养护委员会在对现存养护措施进行全面评估后，认为整个南大洋在养护效果上已经相当于世界自然保护联盟定义的第四类海洋保护区。南极海洋生物资源养护委员会近年多次讨论"海洋保护区"的功能定位和具体定义问题，但未达成一致。目前，南极海洋生物资源养护委员会已经探索设立了南奥克尼群岛南部陆架、罗斯海 2 个海洋保护区，在审议后续海洋保护区提案的同时，也在讨论总结已设保护区监测管理的经验教训、完善相关制度规则以及制定路线图等问题。

92 什么是南极特别保护区？

《关于环境保护的南极条约议定书》附件五第 3 条规定：南极特别保护区是为了保护南极特有的环境、科学、历史、美学或荒野价值（或是以上多种价值），或为了支持和协助正在开展或者计划开展的科学研究活动，由南极条约协商会议指定的特别区域。截至 2023 年，南极条约协商会议设立的南极特别保护区共有 75 个，分别由 18 个国家提出，保护区总面积约 4000 平方千米，主要分布于南极半岛和罗斯海周边人类活动较为集中的地区。其中，美国单独或牵头提议设立 17 个，英国、新西兰、澳大利亚、智利、阿根廷、法国、挪威单独或牵头提议设立 47 个。

> **延伸阅读 南极特别保护区保护类型**
>
> 南极特别保护区可以为以下环境地理特征提供

特殊保护：（A）未受人类干扰的区域，以便将来可能与已受人类活动影响的地区进行比较；（B）主要陆地生态系统，包括冰川和水生生态系统及海洋生态系统的代表性实例；（C）具有重要的或非同寻常的物种集中区域，包括繁衍本地鸟类或动物的主要栖息区；（D）任何物种典型的产地或已知的栖息地；（E）对正在实行的或已规划的科学研究有特殊利益的区域；（F）具有突出的地质学、冰川学或地貌学特征的实例；（G）具有突出美学和荒野形态价值的区域；（H）具有公认的历史价值的遗址或纪念物；（I）具有显著的环境、科学、历史、美学或荒野形态的价值，任何此类价值的结合，正在进行的或已规划的科学研究。

我国对南极特别保护区建设作了哪些贡献？

我国高度重视南极具有特殊价值地区的保护和管

理工作。在历次南极条约协商会议期间，我国积极参与了南极特别保护区相关议题讨论和规则制定，确保南极特别保护区建设具备良好的科学基础、扎实的管理措施和有效的科研监测。根据《关于环境保护的南极条约议定书》附件五确立的区域保护和管理机制，截至 2023 年，我国已单独提议在东南极格罗夫山的哈丁山区域设立南极特别保护区，主要保护该区域独特的科学、美学和荒野价值。我国与其他国家联合提议设立了 3 个南极特别保护区：2008 年，我国与澳大利亚联合提议在东南极阿曼达湾设立特别保护区，保护帝企鹅栖息地；2014 年，我国与澳大利亚、印度、俄罗斯联合提议在东南极拉斯曼丘陵斯图尔内斯半岛设立特别保护区，保护独特的地质特征；2021 年，我国与意大利、韩国联合提议在罗斯海地区恩克斯堡岛海景湾设立保护区，保护阿德利企鹅栖息地。

94　什么是南极特别管理区?

《关于环境保护的南极条约议定书》附件五第 4
条规定:南极特别管理区是为了协助、协调人类在南
极地区的活动计划,改善各国在南极的合作,避免可
能发生的冲突,以及尽可能减低人类活动对南极环境
的影响,由南极条约协商会议指定的特别区域。截至
2023 年,南极条约协商会议设立的南极特别管理区
共有 7 个,总面积约 49000 平方千米。

95　南极历史遗址和纪念物有哪些?

南极条约协商会议重视对具有历史意义的遗址或
者纪念物进行保护。1972 年,第 7 届南极条约协商
会议制定了保护和管理南极历史遗址和纪念物的清

单。2009 年，第 32 届南极条约协商会议对于认定南极历史遗址和纪念物的程序等作出规范，出台指导手册。截至 2023 年，南极历史遗址和纪念物有 95 处，其中包括阿根廷第一次陆上南极探险队在南极半岛竖立的旗杆、俄罗斯参与第一次穿越地球南磁极的东方号车站拖拉机、由英国探险家罗伯特·斯科特带领的南极探险队于 1902 年建成的"发现"小屋等。我国南极长城站 1 号栋和长城石历史纪念碑也被列入南极条约协商会议历史遗址和纪念物清单。

南极长城站 1 号栋（右侧建筑）（中国极地研究中心供图）

96 我国参与南极国际治理的政策主张主要有哪些?

在南极治理中，我国一贯支持《南极条约》的宗旨和精神，秉持和平、科学、绿色、普惠、共治的基本理念，致力于维护南极条约体系的稳定，提升南极科学认知，坚持和平利用南极，保护南极环境和生态系统，愿为国际南极治理提供更加有效的公共产品和服务，努力构建南极"人类命运共同体"。

97 我国什么时候提出"绿色考察"倡议?

2017 年 5 月，第 40 届南极条约协商会议在北京举行，会上通过了由我国牵头，澳大利亚、智利、美国等国联合提交的工作文件和决议案，在南极倡导"绿色考察"。这是我国首次承办南极条约协商会议，彰显了我国积极保护南极环境和生态系统的意愿，突出了我国参与国际南极治理的贡献。

98 我国是如何履行南极视察权利的?

《南极条约》规定，南极条约协商国有权指派视察员，对"南极洲的所有区域，包括一切考察站、装置和设备，以及在南极洲装卸货物或上下人员的一切船只和飞机"进行视察。1990年，我国开展首次南极视察活动。2015年12月，中国代表团开展第二次南极视察，对俄罗斯、韩国、乌拉圭和智利四国在南极乔治王岛上的考察站进行了视察，并向南极条约协商会议提交视察报告。报告聚焦各考察站的最佳履约和环境实践，以及存在的问题，获得各国普遍好评。

2015 年中国南极视察员（中国极地研究中心供图）

中国代表团成功开展南极视察

99 我国南极考察开展和参与了哪些国际救援行动？

2013 年 12 月，正在南大洋航行的"雪龙"号与澳大利亚海上搜救中心和"南极光"号考察船协作，成功救援载有 74 人的俄罗斯极地考察船"绍卡利斯基院士"号，获得国际社会广泛认可与赞扬。2021 年，中、美南极考察队密切协作，联手开展救援，设法将 1 名突患重病的澳大利亚考察队员运回国内紧急救治。2023 年 11 月，"雪龙 2"号在赤道附近成功救援 4 名巴布亚新几内亚遇险渔民。此外，我国还于 2010 年、2020 年协助澳大利亚救援和撤离受伤的考察队员。我国考察队员在南极遇险时也多次得到美国、俄罗斯、澳大利亚、新西兰、智利等国考察队的及时救援和全力协助，体现了高尚的人道主义精神，也充分展示了国际南极考察互帮互助的优良传统。

"雪龙"号驰援南极被困俄船只

100 我国完成了多少个南极地理实体命名？

　　我国南极地名命名工作开始于首次南极科学考察，考察队在完成我国南极长城站测图任务后，将中国首个南极地名命名为"长城湾"，拉开了我国南极地名命名工作的序幕。截至 2023 年，我国已有 371 个提交命名的南极地名，经南极研究科学委员会下属的南极地理信息常设委员会认证后，收入《南极综合地名集》。

❯ 延伸阅读　地理命名的意义

　　南极地名是人类在其活动区域内对重要地理实体加以区分和定位的固有需求，对识别、定位和导航具有重要意义，为后勤活动（包括搜救、运输）、管理、环境调查和保护、科学研究、旅游等提供了必要的参考，也促进了国际南极科技交流与合作。国际上没有专门的南极地名命名机构，各国南极地名命名机构审批国内各组织提交的南极地名提案，向南极研究科学委员会下属的南极地理信息常设委员会提交南极地名提案进行研判并更新。截至2023年初，共有来自24个国家的3.9万余个地名纳入《南极综合地名集》，这是自1992年以来南极研究科学委员会整编的地名成果。

101 北极相关的国际条约有哪些?

北极地区适用的国际条约组成较为复杂。全球层面包括《联合国气候变化框架公约》《联合国海洋法公约》《执行1982年12月10日〈联合国海洋法公约〉有关养护和管理跨界鱼类种群和高度洄游鱼类种群的规定的协定》《国际捕鲸管制公约》以及关于航运、环境等方面的系列国际条约。区域层面包括《预防中北冰洋不管制公海渔业协定》《斯匹次卑尔根群岛条约》《东北大西洋渔业公约》《保护东北大西洋海洋环境公约》等条约。

102 我国参与北极事务的政策主张是什么？

我国参与北极事务的政策主张主要包括 5 个方面：一是不断深化对北极的探索和认知；二是保护北极生态环境和应对气候变化；三是依法合理利用北极资源，以可持续的方式参与北极航道、非生物资源、渔业等生物资源和旅游资源的开发利用；四是积极参与北极治理和国际合作；五是促进北极和平与稳定。

视频索引

131

后 记

极地安全是国家安全的重要组成部分。党的十八大以来，以习近平同志为核心的党中央准确把握国际形势深刻变化，高瞻远瞩、统筹谋划，将极地安全纳入总体国家安全体系，作出一系列新论断，提出一系列新理念新思想，为极地安全工作和极地事业高质量发展指明了前进方向，提供了根本遵循。为深入学习贯彻总体国家安全观，帮助广大群众科学理性认识、主动参与维护国家极地安全，中央有关部门组织编写了本书。

本书由自然资源部牵头，全国人大、外交部、国家发展改革委、科技部、工业和信息化部、民政部、财政部、国家能源局、国防科工局、民航局共同编写。本书在出版过程中，相关单位、专家学者及人民出版社给予了大力支持，在此一并表示衷心感谢。

　　本书中如有疏漏和不足之处，还请广大读者提出宝贵意见。

编　者

2024 年 4 月

责任编辑：余 平 刘彦青 王新明

装帧设计：周方亚

责任校对：东 昌

图书在版编目（CIP）数据

国家极地安全知识百问／《国家极地安全知识百问》编写组著．—

北京：人民出版社，2024.4

ISBN 978－7－01－026510－0

I.①国… II.①国… III.①极地－安全－中国－问题解答

IV.① P941.6-44

中国国家版本馆 CIP 数据核字（2024）第 077417 号

国家极地安全知识百问

GUOJIA JIDI ANQUAN ZHISHI BAIWEN

本书编写组

人民出版社 出版发行

（100706 北京市东城区隆福寺街 99 号）

中煤（北京）印务有限公司印刷 新华书店经销

2024 年 4 月第 1 版 2024 年 4 月北京第 1 次印刷

开本：880 毫米 ×1230 毫米 1/32 印张：4.75

字数：67 千字

ISBN 978－7－01－026510－0 定价：24.00 元

邮购地址 100706 北京市东城区隆福寺街 99 号

人民东方图书销售中心 电话（010）65250042 65289539